1시간 만에 끝내는

기본 확률과 통계

1시간 만에 끝내는 기본 확률과 통계

브랜던 로열 지음 | 송선인 옮김

진실은 언제나
단순함 속에서 찾을 수 있다.

- 아이작 뉴턴

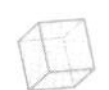

확률로의 여행

이 책은 최대한 짧은 시간 내에 확률의 기본을 완전히 익힐 수 있게끔 도와준다. 이 목적에 도달하려면 두 가지 단계가 필요하다. 첫 번째는 개념을 확실히 쌓는 것이다. 그래서 초반부 개요에 주요 주제에 관한 두 개의 전략적 순서도, 즉 "확률에 관한 순서도"와 "순열과 조합에 관한 순서도"를 실었다. 또한 열네 개의 주요 공식을 각각 적절한 예시와 함께 요약해서 실었다.

그런 다음 두 번째 단계로 넘어간다. 여기서는 주제와 부합하는 가장 전형적이면서도 다양한 유형의 확률 문제들을 만날 수 있다.

확률을 기초로 생각하는 능력을 키우기 위해서는, 문제에 맞는 정확한 공식을 사용할 줄 알아야 하고 각각의 확률 문제를 알

맞게 분류할 수 있어야 한다. 또한 그것을 위해서 확률이나 관련 주제에 자주 등장하는 (혹은 자주 혼동을 일으키는) 전문적인 수학 용어를 이해하고 있어야 한다. 예를 들어 두 사건이 독립적이거나 상호 배타적이지 않다는 문장은 무엇을 의미하는 것일까?

일단 문제를 유형별로 분류하게 되면, 각각의 문제가 어떤 유형을 기초로 해 변형된 것인지 알 수 있을 뿐더러 넘어가기 쉬운 함정도 찾아낼 수 있게 된다.

책 곳곳에 특별한 팁을 함께 적어 놓았다. 이를 통해 추가적인 정보와 예시, 확실하게 유용하다고 입증된 문제까지 별도로 접할 수 있다.

이 책은 수학의 기본기를 다루는 책 『탄탄한 수학력』의 내용을 보완하고 있는데, 이처럼 확률을 따로 빼서 다루는 것은 확률이 그만큼 주의를 더 기울여야 하는 주제이기 때문이다.

자, 그럼 지금부터 시작해보자.

목차

개요

이 책을 통해 우리는 확률, 순열, 조합이라는 세 가지 중요한 개념을 확실히 배워볼 것이다. 그런데 확률과 순열과 조합에는 도대체 어떤 차이가 있을까?

일단 확률은, 십진법이나 0과 1 사이의 분수(이때 1은 반드시 일어날 확률이고 0은 절대 일어나지 않을 확률이다), 0%와 100% 사이의 비율로 나타낸다(이때 100%는 반드시 일어날 확률이고 0%는 절대 일어나지 않을 확률이다).

반면 순열과 조합의 결과는 1과 같거나 그보다 더 큰 수가 된다. 그 결과는 흔히 10, 36, 720처럼 꽤나 큰 값이 된다.

확률(Probability)

확률에서 중요한 것은, 우선 확률을 구해야 하는 상황이 "그리고"인지, "혹은"인지를 파악하는 것이다. 만약 "그리고"의 상황이라면 곱셈을 이용해야 하고, "혹은"이 포함된 상황이라면 덧셈을 이용해야 한다. 예를 들어 "x 그리고 y의 확률은 무엇일까(x와 y의 확률은 무엇일까)?"라는 문제가 있다면 각 확률을 곱한다. 반면 "x 혹은 y의 확률이 무엇일까?"라고 묻는 문제라면 각 확률을 더한다.

이때 곱셈이 필요한 확률 문제라면, 한 가지 질문을 더해야 한다.

"각각의 사건들이 독립적인가 아니면 종속적인가?"

사건들이 독립적이라는 의미는 각각의 사건이 다른 사건에 아무런 영향을 주지 않는다는 뜻이다. 따라서 단순히 각각의 확률을 곱해서 답을 구해야 한다. 반면 사건들이 독립적이지 않다(종속적이다)는 뜻은 한 사건의 발생이 다른 사건에 영향을 준다는 뜻이므로, 그 영향을 고려해서 답을 구해야 한다.

만약 덧셈이 필요한 확률 문제라면, 다음 질문을 추가로 생각해야 한다.

"각각의 사건들이 상호 배타적인가 아니면 상호 배타적이지 않은가?"

상호 배타적이라는 의미는 두 사건이 동시에 일어날 수 없으므로 "겹치는" 부분이 없다는 뜻이다. 그렇다면 계산할 때 단순히 각각의 확률을 더하면 된다.

상호 배타적이지 않다는 의미는 두 사건이 동시에 발생할 수 있으므로 겹치는 부분이 있다는 뜻이다. 만약 두 사건에서 겹치는 부분이 있다면 계산할 때 반드시 그 부분이 중복되지 않도록 해야 한다.

순열과 조합(Permutations and Combinations)

순열은 순서를 생각해서 나열한 그룹이고, 조합은 순서를 생각하지 않고 나열한 그룹이다. 즉, 순열은 순서가 중요하고 조합에서는 순서가 중요하지 않다. 예를 들어 순열이라면 AB와 BA는 다른 결과지만, 조합에서는 하나의 결과다.

전화번호, 자동차 번호판, 전자 코드, 비밀 번호 등은 순열이다. 숫자의 순서가 바뀌면 의미도 바뀐다. 하지만 팀의 구성원은 조합이다. 누가 먼저 뽑히든 A라는 팀의 구성원은 결과적으로 동일하기 때문이다.

보통 "배열"이나 "가능한" 같은 단어가 포함되어 있다면 순열을 의미하고, "선발"이나 "뽑다" 같은 단어가 있다면 조합을 뜻한다.

계승(Factorial)

계승이 있으면 아래처럼 곱한다.

$4! = 4 \times 3 \times 2 \times 1$

$7! = 7 \times 6 \times 5 \times 4 \times 3 \times 2 \times 1$

0의 계승은 1이고 1의 계승 역시 1이다.

$0! = 1$

$1! = 1$

동전, 주사위, 구슬, 카드

동전과 주사위, 구슬, 카드에 관한 문제라면 아래와 같은 사항을 기본적으로 염두에 두면 좋다. 동전에는 앞면과 뒷면이 있고 주사위에는 숫자 1부터 6까지 여섯 개의 면이 있기 때문에 던졌을 때 나오는 확률은 모두 동일하다. 그리고 카드 한 묶음에 포함된 모양은 클로버, 다이아몬드, 하트, 스페이스 네 가지이며, 각각의 모양으로 이루어진 에이스, 킹, 퀸, 잭, 10, 9, 8, 7, 6, 5, 4, 3, 2, 1이라는 13장의 카드가 있다. 즉 카드 한 묶음에는 네 가지 모양으로 구성된 총 52장의 카드가 있다.

A. 확률의 순서도

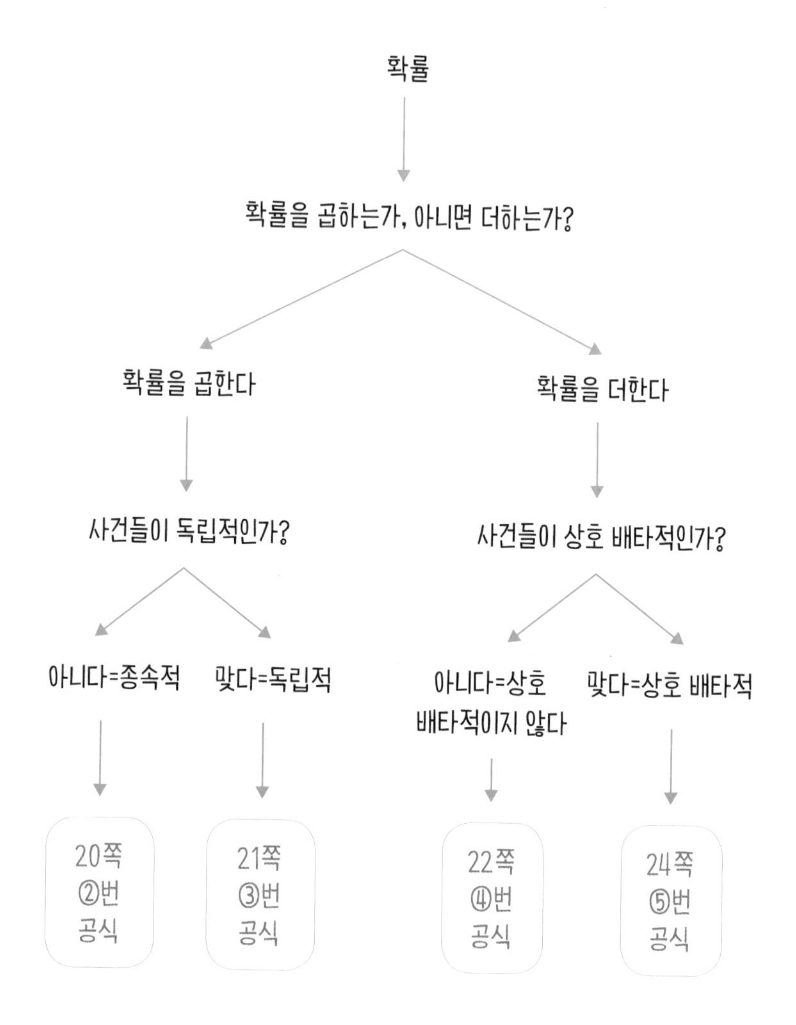

문제를 풀 때 각 번호에 맞는 공식을 사용한다.

B. 순열과 조합의 순서도

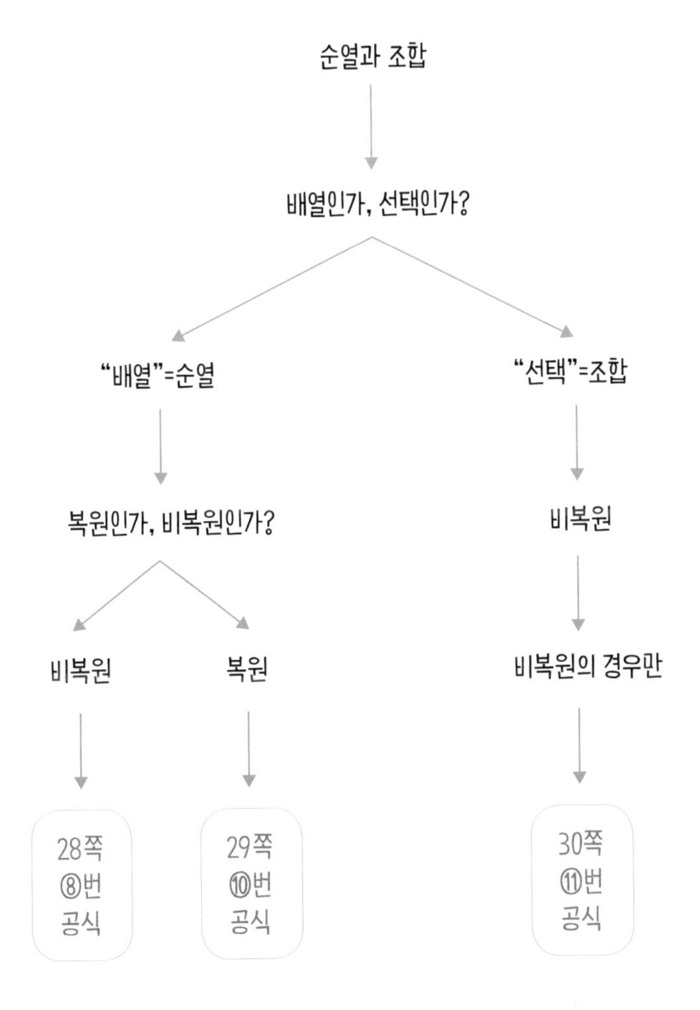

문제를 풀 때 각 번호에 맞는 공식을 사용한다.

확률과 통계,
14가지 공식으로
따라잡기

확률의 일반 공식

① $확률 = \frac{뽑힌\ 사건(들)}{사건\ 전체\ 경우의\ 수}$

예문: 당신은 3장의 복권을 샀다. 그리고 지금까지 팔린 복권은 총 10,000장이라고 한다. 그렇다면 당신이 복권에 당첨될 확률은 얼마인가?

$$확률 = \frac{3}{10,000}$$

확률의 일반 곱셈 정리

② $P(A \text{ and } B) = P(A) \times P(B/A)$

[여기에서 A와 B가 일어날 확률은, A의 확률에 B의 확률을 곱한 것과 같다. 단, A가 이미 일어났다는 것을 고려해야 한다.]

만약 사건들이 독립적이지 않다면(하나의 사건이 다른 사건에 영향을 준다면), 반드시 첫 번째 사건의 영향을 바탕으로 두 번째 사건의 결과를 계산해야 한다.

예문: 가방 안에 구슬 여섯 개가 들어 있다. 이 중 세 개는 파란색이고 세 개는 초록색이다. 눈을 가린 채로 가방 안에 손을 넣어 초록색 구슬 두 개를 꺼낼 확률은 얼마인가?

$$\frac{3}{6} \times \frac{2}{5} = \frac{6}{30} = \frac{1}{5}$$

확률의 특별한 곱셈 정리

③ $P(A \text{ and } B) = P(A) \times P(B)$

[여기에서 A와 B가 일어날 확률은, A의 확률에 B의 확률을 곱한 것과 같다.]

만약 사건들이 독립적이라면(하나의 사건이 다른 사건에 영향을 주지 않는다면), 단순하게 두 확률을 서로 곱한다.

예문: 동전을 두 번 던져서 첫 번째와 두 번째 모두 앞면이 나올 확률은 얼마인가?

$$\frac{1}{2} \times \frac{1}{2} = \frac{1}{4}$$

확률의 일반 덧셈 정리

④ P(A or B) = P(A) + P(B) - P(A and B)

[여기에서 A 혹은 B가 일어날 확률은, A의 확률에 B의 확률을 더한 다음 A와 B가 함께 일어날 확률을 뺀 것과 같다.]

만약 사건들이 상호 배타적이지 않다면(겹치는 부분이 있다면), 각 사건의 확률을 더한 후에 반드시 그 겹치는 부분을 빼줘야 한다.

예문: 내일 비가 내릴 확률은 30%이고 바람이 불 확률은 20%다. 내일 비가 오거나 바람이 불 확률은 얼마인가?

30% + 20% - (30% × 20%)

30% + 20% - 6%

50% - 6% = 44%

확률의 덧셈 정리에서 겹치는 부분을 빼는 이유는 그 부분을 중복 계산하지 않기 위해서이다. 두 사건에 겹치는 부분이 있다는 것은 두 사건에 공통된 부분이 존재한다는 의미이므로 그 부분을 "두 번" 세지 않기 위해 반드시 한 번 빼줘야 한다.

NOTE "포함하는 혹은"과 "배타적인 혹은"의 문구가 적용되는 상황의 차이점을 살펴보자. 앞에 나온 문제가 바로 "포함하는 혹은"이 적용되는 문제다. 내일 비가 오는 동시에 바람이 불 것이라는 예상은 타당하다. 즉 문제에서는 "내일 비가 오거나 바람이 불 확률"을 물었지만 이미 그 속에 "비만 올 확률과 바람만 불 확률뿐 아니라 비가 오면서 동시에 바람도 불 확률"이 포함돼 있으므로, "포함하는 혹은"을 적용하는 문제라고 생각하면 된다. 즉 계산할 때 중복상황을 한 번 빼줘야 한다.

반면에 뒤에 나올 ⑤번 공식의 문제는 사실상 "배타적인 혹은"이 적용되는 문제다. 문제에서 "샘이 몬트캄 고등학교에 진학하거나 크레센트 하이츠 고등학교에 진학할 확률"을 물었지만 샘이 다른 지역의 두 학교에 동시에 진학할 수는 없으므로 각각의 학교에 진학할 확률을 따로 묻는 것이나 다름없다. 즉 두 사건의 상황이 상호 배타적이므로 이런 문제라면 "배타적인 혹은"의 문제로 생각하고 풀어야 한다.

확률의 특별한 덧셈 정리

⑤ P(A or B)= P(A) + P(B)

[여기에서 A 혹은 B가 일어날 확률은, A의 확률에 B의 확률을 더한 것과 같다.]

만약 사건들이 상호 배타적이라면(겹치는 부분이 없다면), 단순하게 두 확률을 서로 더한다.

예문: 샘이 몬트캄 고등학교에 진학할 확률은 50%이고, 크레센트 하이츠 고등학교에 진학할 확률은 25%다. 샘이 몬트캄 고등학교에 진학하거나 크레센트 하이츠 고등학교에 진학할 확률은 얼마인가?

50% + 25% = 75%

확률의 보완 규칙

⑥ $P(A) = 1 - P(\text{not } A)$

[여기에서 A의 확률은, 1에서 A가 발생하지 않을 확률을 뺀 것과 같다.]

확률의 보완 규칙은 확률의 덧셈이나 곱셈이 아닌 뺄셈을 이용하는 규칙이다. 다음과 같은 문장이 포함된 문제에 주로 사용한다.

"주어진 사건이 발생하지 않을 확률은 얼마인가?"

이럴 경우 1에서 "주어진 사건이 발생할 확률"을 빼면 된다.

예문: 주사위 두 개를 동시에 던질 때 나오는 수가 모두 6이 아닐 확률은 얼마인가?

두 개의 주사위를 던져서, 주사위의 수가 모두 6이 나올 확률:

$$\frac{1}{6} \times \frac{1}{6} = \frac{1}{36}$$

두 개의 주사위를 던져서, 주사위의 수가 모두 6이 나오지 않을 확률:

$$1 - \frac{1}{36} = \frac{35}{36}$$

나열의 규칙

⑦ $x \times y \times z$

첫 번째 일을 x가지 방법으로 할 수 있고, 두 번째 일을 y가지 방법으로 할 수 있으며, 세 번째 일을 z가지 방법으로 할 수 있을 때, 세 가지 일을 모두 하는 방법의 수는 $x \times y \times z$이다. 이러한 규칙을 나열의 규칙이라고 한다.

NOTE 원칙적으로 나열의 규칙은 "확률", "순열", "조합"에 속하지 않는다. 하지만 실용적인 이유 때문에 주로 확률을 배우면서 함께 다룬다.

예문: 어떤 식당에서 샐러드 두 종류, 수프 세 종류, 메인 요리 다섯 종류, 디저트 세 종류, 그리고 커피 또는 차 중에 하나씩 선택하는 식사 세트 메뉴를 제공한다. 이때 세트 메뉴를 구성하는 가능한 방법은 몇 가지인가?

$$2 \times 3 \times 5 \times 3 \times 2 = 180$$

순열

⑧ 비복원 추출의 경우 $_{n}P_{r} = \frac{n!}{(n-r)!}$

[여기에서 n은 전체 항목의 개수를 나타내고, r은 우리가 선택하거나 배열하고자 하는 항목의 개수를 나타낸다.]

예문: 네 개의 글자 A, B, C, D를 중복해서 사용하지 않고 두 자리 글자를 만드는 가능한 방법의 수는 몇 개인가?

$$_{4}P_{2} = \frac{4!}{(4-2)!} = \frac{4!}{2!} = \frac{4 \times 3 \times \cancel{2 \times 1}}{\cancel{2 \times 1}} = 4 \times 3 = 12$$

단, 모든 항목을 전부 선택하는 경우에는 아래처럼 더 간단한 공식을 이용할 수도 있다.

⑨ $_{n}P_{n} = n!$

예문: 책장에 서로 다른 책 네 권을 진열하거나 배열하는 방법의 수는 얼마인가?

$$_4P_4 = \frac{4!}{(4-4)!} = \frac{4!}{0!} = \frac{4!}{1} = 4! = 4 \times 3 \times 2 \times 1 = 24$$

혹은

$n! = 4! = 24$

⑩ 복원 추출의 경우 n^r

예문: 네 개의 숫자 1, 2, 3, 4를 사용해서 네 자리의 수를 만들 수 있는 가능한 방법은 몇 가지인가? 이때 숫자를 중복해서 나열할 수 있다.

$4^4 = 256$(개)

NOTE 중복되는 순열(n^r)은 원칙적으로 나열의 규칙에 속한다. 여기서는 쉽게 설명하기 위해 순열에 포함시켰다. 원칙적으로 다른 규칙에 속하더라도 이렇게 순열로 풀 수 있는 문제라면 반드시 순열 공식을 적용해야 한다.

조합

⑪ $_{n}C_{r} = \frac{n!}{r!(n-r)!}$

[여기에서 n은 전체 항목의 개수를 나타내고, r은 우리가 고르거나 뽑을 수 있는 항목의 개수를 나타낸다.]

예문: 집 내부를 페인트칠하려고 한다. 네 가지 페인트 색상에서 세 가지 색상을 고르는 방법은 몇 가지인가?

$$_{4}C_{3} = \frac{4!}{3!(4-3)!} = \frac{4!}{3! \times (1)!} = \frac{4 \times \cancel{3 \times 2 \times 1}}{\cancel{3 \times 2 \times 1} \times 1} = 4$$

추가 공식들

두 가지 이상이 결합된 순열

⑫ $_{n}P_{r} \times {}_{n}P_{r} = \frac{n!}{(n-r)!} \times \frac{n!}{(n-r)!}$

예문: 어느 관광객이 서유럽에 있는 다섯 개의 도시 중 세 곳을 방문한 후 동유럽으로 이동해서 그곳의 네 개의 도시 중 두 곳을 방문할 계획을 세웠다. 이 관광객이 짤 수 있는 일정은 총 몇 가지일까?

$_{5}P_{3} \times {}_{4}P_{2}$

$\frac{5!}{(5-3)!} \times \frac{4!}{(4-2)!}$

$\frac{5!}{2!} \times \frac{4!}{2!}$

$\frac{5 \times 4 \times 3 \times \cancel{2 \times 1}}{\cancel{2 \times 1}} \times \frac{4 \times 3 \times \cancel{2 \times 1}}{\cancel{2 \times 1}}$

$60 \times 12 = 720$

앞의 풀이처럼 각 순열을 서로 더하지 않고 곱해야 나열의 규칙에 따른 풀이 과정과 일치한다.

두 가지 이상이 결합된 조합

⑬ $_{n}C_{r} \times {}_{n}C_{r} = \frac{n!}{r!(n-r)!} \times \frac{n!}{r!(n-r)!}$

예문: 프로 골퍼 다섯 명과 프로 테니스 선수 다섯 명 중 일부를 선정해서 특별 마케팅 전담팀을 구성하려고 한다. 최종적으로 프로 골퍼 세 명과 프로 테니스 선수 세 명으로 구성된 전담팀을 꾸리려고 한다면 이 팀을 구성하는 방법은 모두 몇 가지인가?

$_{5}C_{3} \times {}_{5}C_{3}$

$\frac{5!}{3!(5-3)!} \times \frac{5!}{3!(5-3)!}$

$\frac{5!}{3!(2)!} \times \frac{5!}{3!(2)!}$

$$\frac{5 \times 4 \times \cancel{3 \times 2 \times 1}}{\cancel{3 \times 2 \times 1} \times 2 \times 1} \times \frac{5 \times 4 \times \cancel{3 \times 2 \times 1}}{\cancel{3 \times 2 \times 1} \times 2 \times 1}$$

$$10 \times 10 = 100$$

반복되는 글자나 숫자

⑭ $\frac{n!}{x!\,y!\,z!}$

[이 공식에서 x와 y, z는 각각 구별되는 동일한 숫자나 글자이다.]

예문: 네 개의 숫자 0, 0, 1, 2를 사용해서 네 자리 숫자를 만드는 방법은 몇 가지인가?

$$\frac{4!}{2!} = \frac{4 \times 3 \times \cancel{2 \times 1}}{\cancel{2 \times 1}} = 12$$

2!는 숫자 0이 두 번 반복되는 것을 의미한다.

부록

연습문제 정답과 해설

Ⅰ. 확률에 관한 연습문제

1. 네 장의 에이스 카드

카드 한 묶음에서 네 장을 임의로 선택할 때 전부 에이스가 나올 확률을 나타내는 식은 다음 중 무엇인가? (한 번 뽑은 카드는 다시 복원하지 (섞지) 않고 순서대로 네 장의 카드를 선택한다.)

A) $\frac{1}{52} \times \frac{1}{52} \times \frac{1}{52} \times \frac{1}{52}$

B) $\frac{1}{52} \times \frac{1}{51} \times \frac{1}{50} \times \frac{1}{49}$

C) $\frac{4}{52} \times \frac{3}{51} \times \frac{2}{50} \times \frac{1}{49}$

D) $\frac{4}{52} \times \frac{3}{52} \times \frac{2}{52} \times \frac{1}{52}$

E) $\frac{4}{52} \times \frac{4}{52} \times \frac{4}{52} \times \frac{4}{52}$

2. 오렌지색 구슬과 파란색 구슬

가방 안에 구슬 다섯 개가 있다. 이 중 두 개는 오렌지색이고 세 개는 파란색이다. 가방에서 구슬 두 개를 꺼낼 때 첫 번째로 꺼낸 구슬이 오렌지색, 그리고 두 번째로 꺼낸 구슬이 파란색일 확률은 얼마인가?

A) $\frac{6}{25}$ B) $\frac{3}{10}$ C) $\frac{2}{5}$ D) $\frac{3}{5}$ E) $\frac{7}{10}$

3. 오렌지색 구슬과 파란색 구슬 두 번째

가방 안에 구슬 다섯 개가 있다. 이 중 두 개는 오렌지색이고 세 개는 파란색이다. 가방에서 구슬 두 개를 꺼낼 때 적어도 하나가 오렌지색일 확률은 얼마인가?

A) $\frac{6}{25}$ B) $\frac{3}{10}$ C) $\frac{2}{5}$ D) $\frac{3}{5}$ E) $\frac{7}{10}$

4. 시험시간

한 학생이 기말고사 두 과목을 치를 예정이다. 첫 번째 과목의 시험을 통과할 확률은 $\frac{3}{4}$이고 두 번째 과목의 시험을 통과할 확률은 $\frac{2}{3}$이다. 이 학생이 첫 번째 시험을 통과하거나 두 번째 시험을 통과할 확률은 얼마인가?

A) $\frac{5}{15}$　B) $\frac{1}{2}$　C) $\frac{7}{12}$　D) $\frac{5}{7}$　E) $\frac{11}{12}$

5. 육감

주사위를 두 번 던져서 첫 번째, 혹은 두 번째에 6이 나올 확률은 얼마인가?

A) $\frac{1}{36}$　B) $\frac{5}{18}$　C) $\frac{1}{6}$　D) $\frac{11}{36}$　E) $\frac{1}{3}$

6. 시험시간 두 번째

한 학생이 기말고사 세 과목을 치를 예정이다. 첫 번째 과목의 시험을 통과할 확률은 $\frac{3}{4}$이고, 두 번째 과목의 시험을 통과할 확률은 $\frac{2}{3}$이며, 세 번째 과목의 시험을 통과할 확률은 $\frac{1}{2}$이다. 이 학생이 세 개의 시험 중 최소한 하나라도 통과할 확률은 얼마인가? (첫 번째 시험을 통과하거나 두 번째 시험을 통과하거나 혹은 세 번째 시험을 통과할 확률을 묻는 문제이다.)

A) $\frac{1}{4}$　　B) $\frac{11}{24}$　　C) $\frac{17}{24}$　　D) $\frac{3}{4}$　　E) $\frac{23}{24}$

II. 나열에 관한 연습문제

7. 채용

어느 회사에서 판매 매니저와 대리점 사원, 접수원을 한 명씩 채용하려고 한다. 이제 곧 판매 매니저에 지원한 7명, 대리점 사원에 지원한 4명, 접수원에 지원한 10명의 최종 면접을 진행할 예정이다. 이들 중에서 최종 3명을 채용하는 가능한 방법의 수를 나타내는 식은 무엇인가?

A) $7 \times 4 \times 10$

B) $7 + 4 + 10$

C) $21 \times 20 \times 19$

D) $7! + 4! + 10!$

E) $7! \times 4! \times 10!$

III. 순열에 관한 연습문제

8. 펜싱

자신의 나라를 대표해서 출전한 참가자 4명이 펜싱 챔피언십 결승전에 진출한다. 모든 참가자의 우승할 가능성이 같다고 가정한다면, 이들이 금메달과 은메달을 획득하는 가능한 방법의 수는 얼마인가?

A) 6

B) 7

C) 12

D) 16

E) 24

9. 줄

학생 6명이 메이크업 시험을 보기 위해 일렬로 나란히 앉아 있다. 이들을 자리에 배열하는 방법의 수는 얼마인가?

A) 12

B) 36

C) 72

D) 240

E) 720

10. 교차

남학생 3명과 여학생 3명, 총 6명의 학생이 메이크업 시험을 보기 위해 일렬로 나란히 앉아 있다. 이때 같은 성별과 이웃하지 않게끔 자리를 배열하는 방법의 수는 얼마인가?

A) 12

B) 36

C) 72

D) 240

E) 720

11. 바나나(BANANA)

다음 중 바나나(BANANA)에 있는 여섯 개의 글자를 배열하여 여섯 자리 단어를 만드는 방법의 수를 구하는 식은?

A) $6!$

B) $6! - (3! \times 2!)$

C) $6! - (3! + 2!)$

D) $\dfrac{6!}{3! \times 2!}$

E) $\dfrac{6!}{3! + 2!}$

12. 테이블

다섯 자리가 있는 테이블에 두 자리를 비워 놓은 채 세 사람을 앉히는 방법의 수는 얼마인가?

A) 8

B) 12

C) 60

D) 118

E) 120

IV. 조합에 관한 연습문제

13. 가수

한 남성 가수가 다가오는 자선 행사에서 노래를 부르기로 했다. 그는 "옛 노래" 여섯 곡 중에서 네 곡을 부르고, "신곡" 다섯 곡 중에서는 두 곡을 부르기로 했다. 이 가수가 노래를 선택하는 방법의 수는 얼마인가?

A) 25
B) 50
C) 150
D) 480
E) 600

14. 모임

모임에 참석한 11명이 그곳에 있는 모든 사람과 정확히 악수를 한 번씩 한다면 이들이 악수를 하게 되는 총 횟수는 얼마인가?

A) $11 \times 10 \times 9 \times 8 \times 7 \times 6 \times 5 \times 4 \times 3 \times 2 \times 1$

B) $10 \times 9 \times 8 \times 7 \times 6 \times 5 \times 4 \times 3 \times 2 \times 1$

C) 11×10

D) 55

E) 45

15. 결과

서로 다른 n개에서 r개를 선택할 때의 공식이 ${}_nP_r = \frac{n!}{(n-r)!}$과 ${}_nC_r = \frac{n!}{r!(n-r)!}$인 것을 고려해서 다음 식 중 참인 것을 골라라.

I. ${}_5P_3 > {}_5P_2$

II. ${}_5C_3 > {}_5C_2$

III ${}_5P_2 > {}_5P_2$

A) I

B) I와 II

C) I와 III

D) II와 III

E) 전부

정답과 해설

I. 확률

1. 네 장의 에이스 카드

정답 C

해설: 이 문제는 확률의 일반 곱셈 정리를 적용하는 유형이다. "복원하지 않고" 카드를 선택할 경우, 뽑은 카드는 남아 있는 카드 묶음에서 없어지기 때문에 그 다음으로 뽑는 카드의 확률에 영향을 준다. 반면 "복원하여" 카드를 선택하는 경우에는, 한 번 뽑은 카드를 다시 섞음으로써 카드 묶음을 처음 상태로 되돌리기 때문에 그 다음에 뽑는 카드의 확률에는 영향을 주지 않는다.

처음으로 에이스를 선택할 확률은 $\frac{4}{52}$이다. 두 번째로 에이스를 선택할 확률은 카드 묶음의 카드가 한 장 줄어들기 때문에 선택할 에이스도 한 장 줄었다는 것을 감안해야 한다. 그러므로 확률은 $\frac{3}{51}$이다. 세 번째로 에이스를 선택할 확률은 카드 묶음의 카드가 한 장 더 줄어들었기 때문에 선택할 에이스도 한 장 더

줄었다. 따라서 확률은 $\frac{2}{50}$ 이다. 마지막 네 번째로 에이스를 선택할 확률은 카드 묶음에 남은 49장의 카드에서 선택할 에이스가 오직 한 장밖에 없기 때문에 $\frac{1}{49}$ 이다.

따라서 정답은 c$(\frac{4}{52} \times \frac{3}{51} \times \frac{2}{50} \times \frac{1}{49})$이다.

"다음 카드를 선택하기 전에 뽑은 카드를 다시 섞는다고 했을 때 카드 묶음에서 연속해서 에이스 네 장을 선택할 확률은 얼마인가?" 만약 질문이 위의 예시처럼 카드를 선택한 후 다시 복원해서 에이스 네 장을 뽑는 확률을 물었다면 정답은 E$(\frac{4}{52} \times \frac{4}{52} \times \frac{4}{52} \times \frac{4}{52})$가 된다.

"다음 카드를 선택하기 전에 뽑은 카드를 다시 섞는다고 했을 때 카드 묶음에서 네 번 연속해서 스페이드의 에이스를 선택할 확률은 얼마인가?" 만약 이 질문처럼 카드를 복원한 후 한 장의 카드만 고르는 확률을 물었다면 정답은 A$(\frac{1}{52} \times \frac{1}{52} \times \frac{1}{52} \times \frac{1}{52})$가 된다.

"카드를 선택한 후 복원하지 않을 경우, 스페이드의 에이스, 하트의 에이스, 클로버의 에이스, 다이아몬드의 에이스를 순서대로 선택할 확률은 얼마인가?" 만약 이 질문처럼 카드를 복원하지 않고 특정한 순서에 따라 에이스 네 장을 선택하는 확률을 물었다면 정답은 B($\frac{1}{52} \times \frac{1}{51} \times \frac{4}{50} \times \frac{4}{49}$)가 된다.

NOTE 기본적인 확률 문제를 유형별로 제대로 구분하기 위해서는 핵심 용어 두 가지를 제대로 이해해야 한다. 첫 번째로 "상호 배타적인"과 "상호 배타적이지 않은"을 구별하고, 두 번째로 "독립적인"과 "독립적이지 않은(종속적인)"을 구별해야 한다. 상호 배타적이라는 의미는 두 사건이나 결과가 서로 겹치는 부분이 없거나 동시에 발생할 수 없다는 뜻이며, 상호 배타적이지 않다는 의미는 두 사건이나 결과가 서로 겹치는 부분이 있거나 동시에 발생할 수 있다는 뜻이다. 독립적이라는 의미는 두 사건이나 결과가 서로 영향을 주지 않으므로 무작위로 발생한다는 뜻이며, 독립적이지 않다(종속적이다)는 의미는 두 사건이나 결과가 서로 영향을 주므로 한 사건의 발생이 다른 사건의 발생에 관여한다는 뜻이다.

이러한 용어의 이해를 돕기 위해 간단한 예시를 들어보자. 누군가가 사업 회의에 회의 참석자와 초청 연사를 초대할 예정이라고 해보자. VIP석과 일반석을 배정하는 것은 상호 배타적이다. VIP석에 앉는 사람과 일반석에 앉는 사람이 겹치거나 서로 영향을 주고받지 않는다.
지역별 사람을 구분해서 자리를 배정할 때도 마찬가지다. 한 사람이 다른 사람의 거주 지역에 영향을 미칠 가능성이 없으므로 이것 역시 상호배타적이다. 하지만 참석자들을 직업으로 분류한다고 했을 때는 겹치는 부분이 발생할 가능성이 있다. 예를 들어 관리자, 엔지니어, 영업인, 기업가 등으로 분류한다고 했을 때 기업가이자 관리자인 사람이 있을 수 있고, 관리자이자 영업인이 사람도 있을 수 있다. 그러므로 이런 분류는 상호 배타적이지 않다.

이번에는 회의 준비 과정을 예로 들어보자. 회의를 준비하는 과정에서 참석자 이름표를 먼저 만들고 회의 자료를 복사하는 것과 회의 자료를 먼저 복사하고 참석자 이름표를 만드는 것은 전혀 차이가 없다. 이 두 사건은 서로 영향을 주지 않는 분리된 일에 해당한다.
반면 일의 진행과정이 독립적으로 보이지만 사실상 서로 종속적인 관계에 놓여 있는 경우도 있을 수 있다. 특정한 순서대로 발생하는 사건도 마찬가지다. 회의를 준비할 때는 반드시 회의를 어떻게 개최할지 계획을 세운 다음 연사를 초대해야 한다. 마찬가지로 참석자들 역시 반드시 자신의 이름을 등록한 후에 회의에 참석해야 하며, 회의가 끝날 때 회의 평가서를 작성해야 한다. 즉, 회의 평가서를 작성하는 것은 회의에 실제로 참석한 사람에게 달려 있으며, 그 말은 결국 회의에 등록한 사람이 그것에 영향을 미친다는 뜻이다.

2. 오렌지색 구슬과 파란색 구슬

정답 B

해설: 이 문제는 '확률의 일반 곱셈 정리를 적용하는 유형이다. 문제에서 "그리고"라는 단어가 나오면 확률을 곱하라는 신호다. 첫 번째로 오렌지색 구슬을 선택할 확률은 첫 번째로 파란색 구슬을 선택할 확률에 영향을 준다. 구슬을 선택한 후 복원하지 않았으므로 선택할 구슬이 하나 적어졌기 때문이다.

따라서 첫 번째로 오렌지색 구슬을 선택할 확률은 $\frac{2}{5}$이고, 그 다음으로 파란색 구슬을 선택할 확률은 $\frac{3}{4}$이다.

$$\frac{2}{5} \times \frac{3}{4} = \frac{6}{20} = \frac{3}{10}$$

만약 구슬 한 개를 빼야 하는 걸 잊었다면 아래처럼 정답을 A로 고르는 실수를 할 수 있다.

$$\frac{2}{5} \times \frac{3}{5} = \frac{6}{25}$$

3. 오렌지색 구슬과 파란색 구슬 두 번째

정답 E

해설: 이 문제는 확률의 보완 규칙을 활용한다. 25쪽에 있는 확률 공식 ⑥번을 참고하자.

이 문제를 해결하는 가장 간단한 방법은 문제 출제자가 원하지 않는 상황을 미리 파악하는 것이다. '적어도 오렌지색 구슬이 하나 있다'는 문장을 통해 우리는, 출제자가 파란색 구슬 두 개를 얻는 경우는 배제했다는 것을 알 수 있다.

그러므로 일단 파란색 구슬 두 개를 얻는 확률을 다음과 같이 구한다.

$$\frac{3}{5} \times \frac{2}{4} = \frac{6}{20} = \frac{3}{10}$$

그리고 1에서 파란색 구슬 두 개를 얻는 확률을 빼면, "적어도 오렌지색 구슬 하나를 얻는 확률"이 나온다.

$$P(A) = 1 - P(\text{not } A)$$

$$1 - \frac{3}{10} = \frac{7}{10}$$

이 문제를 다른 방법으로 풀 수도 있다. 조금 번거롭기는 하지만 모든 가능성을 직접 계산한 후, 우리가 구하려고 하는 값을 전부 더해도 된다.

일단 임의적으로 구슬 두 개를 선택할 때 나올 수 있는 가능성은 아래처럼 네 가지가 있다. 이 중 적어도 오렌지색 구슬 하나가 나올 수 있는 가능성은 세 가지다.

오렌지색, 파란색: $\frac{2}{5} \times \frac{3}{4} = \frac{6}{20}$

파란색, 오렌지색: $\frac{3}{5} \times \frac{2}{4} = \frac{6}{20}$

오렌지색, 오렌지색: $\frac{2}{5} \times \frac{1}{4} = \frac{2}{20}$

⇒ 적어도 오렌지색 구슬 1개가 나오는 경우

파란색, 파란색: $\frac{3}{5} \times \frac{2}{4} = \frac{6}{20}$

즉, $\frac{6}{20} + \frac{6}{20} + \frac{2}{20} = \frac{14}{20} \Rightarrow \frac{7}{10}$

이때 위에 나열한 모든 가능성을 전부 합하면 1이 되는 것에 주목하자.

$$\left(\frac{6}{20}+\frac{6}{20}+\frac{2}{20}+\frac{6}{20}=\frac{20}{20}=1\right)$$

4. 시험시간

정답 E

해설: 문제에 포함된 "혹은"이라는 단어(첫 번째 시험을 통과하거나 혹은 두 번째 시험을 통과하거나)에 주목하자. 이것은 확률을 곱하지 말고 더하라는 신호다. "상호 배타적이지 않은 두 가지 사건 A 혹은 B의 확률"을 구할 때는, 첫 번째 사건과 두 번째 사건의 확률을 더한 다음 두 사건에서 겹치는 부분을 뺀다. 이것이 확률의 일반적인 덧셈 정리이다. 22쪽에 있는 확률 공식 ④번을 참고하자.

$$P(A \text{ or } B) = P(A) + P(B) - P(A \text{ and } B)$$

$$\frac{9}{12}+\frac{8}{12}-\frac{6}{12}=\frac{11}{12}$$

이러한 계산에서 주의할 것은, 각 확률을 더한 값에서 공통된 확률을 한 번 빼줘야 한다는 것이다. 위의 경우에는 첫 번째 시험을 통과할 확률과 두 번째 시험을 통과할 확률을 더한 값에서 두 시험 모두 통과할 확률 ($\frac{3}{4} \times \frac{2}{3} = \frac{6}{12} = \frac{1}{2}$)을 뺐다.

이렇게 중복된 값을 빼지 않으면 공통된 확률을 한 번 더 더하게 되므로 주의하자.

NOTE 위 문제의 정답을 입증하려면 두 시험 중 어느 하나의 시험이라도 통과할 확률(두 시험 모두 통과할 확률 포함)이 두 시험에 모두 탈락할 확률과 겹치는 부분이 없다는 것을 밝혀야 한다.

두 시험에 모두 탈락할 확률은 다음과 같다.

$$\frac{1}{4} \times \frac{1}{3} = \frac{1}{12}$$

그러므로 첫 번째 시험 혹은 두 번째 시험을 통과할 확률(혹은 두 시험 모두 통과할 확률은) 다음과 같다.

$$1 - \frac{1}{12} = \frac{11}{12}$$

5. 육감

정답 D

해설: 문제에 "혹은"이라는 단어가 나오면 확률을 더하라는 신호다. 이 경우 우리는 "두 사건이 상호 배타적인지" 살펴봐야 한다. 만약 "상호 배타적이지 않다면" 각 확률을 더한 값에서 중복된 부분을 반드시 한 번 빼줘야 한다.

이제 주사위를 두 번 던질 때 발생하는 모든 가능성을 살펴보자.

		주사위를 두 번째로 던질 때					
		1	2	3	4	5	6
주사위를 첫 번째로 던질 때	1	1,1	1,2	1,3	1,4	1,5	**1,6**
	2	2,1	2,2	2,3	2,4	2,5	**2,6**
	3	3,1	3,2	3,3	3,4	3,5	**3,6**
	4	4,1	4,2	4,3	4,4	4,5	**4,6**
	5	5,1	5,2	5,3	5,4	5,5	**5,6**
	6	**6,1**	**6,2**	**6,3**	**6,4**	**6,5**	**6,6**

위의 표에 나온 것처럼 한 개의 주사위를 두 번 던지면 36가지의 결과가 나온다(두 개의 주사위를 동시에 던지는 경우도 결과는 같다). 표에서 굵게 표시된 부분들을 참고해보자. 6이 하나라도

나오는 결과를 표시해놓은 것으로 모두 11가지의 경우가 발생한다.

(6,1), (6,2), (6,3), (6,4), (6,5), (6,6), (1,6), (2,6), (3,6), (4,6), (5,6)

이러한 유형의 문제를 풀기 위해서는 확률의 일반 덧셈 정리를 적용한다.

$$P(A \text{ or } B) = P(A) + P(B) - P(A \text{ and } B)$$

$$\frac{1}{6} + \frac{1}{6} - \frac{1}{36} \left(= \frac{6}{36} + \frac{6}{36} - \frac{1}{36}\right) = \frac{11}{36}$$

여기서 주목할 것은, 단순히 $\frac{1}{6}$과 $\frac{1}{6}$을 더한 값인 $\frac{12}{36}$ $(= \frac{1}{3})$가 정답이 아니라는 점이다.

처음 주사위를 던졌을 때 6이 나오는 경우는 (6,1), (6,2), (6,3), (6,4), (6,5), (6,6)으로 사건 A의 확률은 $\frac{6}{36}$ $(= \frac{1}{6})$이다.

두 번째로 주사위를 던졌을 때 6이 나오는 경우는 (1,6), (2,6), (3,6), (4,6), (5,6), (6,6)으로 사건 B의 확률은 $\frac{6}{36}$ $(= \frac{1}{6})$이다.

그런데 사건 A와 사건 B에 (6,6)이 중복 포함되어 있다. 이렇게 겹치는 부분은 반드시 한 번 빼줘야 올바른 정답을 도출할 수 있다.

또는 이 문제를 이렇게 표현할 수도 있다.

"여섯 면이 있는 정상적인 주사위 두 개를 던져서 적어도 6이 하나 나올 확률은 얼마인가?"

이럴 경우 확률의 보완 규칙을 사용해서 풀 수도 있다. 즉 적어도 6이 하나 나올 확률은 "1에서 6이 하나도 나오지 않을 확률을 뺀 것"과 같기 때문이다.

6이 하나도 나오지 않을 확률은 다음과 같다.

$$\frac{5}{6} \times \frac{5}{6} = \frac{25}{36}$$

1에서 6이 하나도 나오지 않을 확률을 빼면, 적어도 6이 하나 나올 확률과 같다.

$$1 - \frac{25}{36} = \frac{11}{36}$$

NOTE 만약 문제에서 "한 개의 주사위를 두 번 던져서 6이 정확히 한 번 나올 확률"을 물었다면 정답은 B(= $\frac{6}{36}$)가 된다.

답을 검증해보는 가장 간단한 방법은 아마도 모든 가능성을 적어보는 것일 테다. (6,1), (6,2), (6,3), (6,4), (6,5), **(6,6)** / (1,6), (2,6), (3,6), (4,6), (5,6), **(6,6)** 까지 중에서 6이 정확히 한 번 나오는 경우들을 파란색으로 표시해놓았다.

$$\frac{10}{36} = \frac{5}{18}$$

(6이 한 번만 나올 가능성이므로 두 사건에서 (6,6)이 나오는 경우는 모두 제외해야 한다.)

아니면 "적어도 6이 하나 나올 확률(= $\frac{11}{36}$)"에서 $\frac{1}{36}$ 을 빼도 된다. 다음 계산 방식을 보자.

먼저 두 사건의 확률을 더한 값에서 중복 포함된 결과를 빼면 "적어도 6이 하나 나올 확률"이 된다.

그런 다음 다시 $\frac{1}{36}$ 을 빼야 하는데, 위의 문제에서는 적어도 6이 하나 나올 확률이 아니라 "6이 정확히 한 번 나올 확률"을 물었기 때문이다.

$$\frac{6}{36} + \frac{6}{36} - \frac{1}{36} - \frac{1}{36} = \frac{10}{36} = \frac{5}{18}$$

6. 시험시간 두 번째

정답 E

해설: 이 문제는 확률의 보완 규칙을 사용해서 푸는 것이 가장 좋다.

1) 쉽고 빠른 풀이 방법

확률의 보완 규칙을 이용해서 세 개의 시험에서 모두 탈락할 확률을 구한다. 그런 다음 1에서 계산한 확률을 빼면 시험을 하나라도 통과할 확률을 구할 수 있다.

① 첫 번째 시험을 통과하지 못할 확률

$P(\text{not } A) = 1 - P(A) \qquad 1 - \frac{3}{4} = \frac{1}{4}$

② 두 번째 시험을 통과하지 못할 확률

$P(\text{not } B) = 1 - P(B) \qquad 1 - \frac{2}{3} = \frac{1}{3}$

③ 세 번째 시험을 통과하지 못할 확률

$P(\text{not } C) = 1 - P(C) \qquad 1 - \frac{1}{2} = \frac{1}{2}$

④ 세 개의 시험 모두 탈락할 확률

P(not A or B or C) $\frac{1}{4} \times \frac{1}{3} \times \frac{1}{2} = \frac{1}{24}$

⑤ 적어도 하나의 시험을 통과할 확률

$1 - \frac{1}{24} = \frac{23}{24}$

2) 직접적인 풀이 방법

세 개의 시험 중 하나만 통과할 확률, 세 개의 시험 중 두 개를 통과할 확률, 세 개의 시험 모두 통과할 확률을 계산한다. 그리고 각각의 결과를 다 더한다.

① 첫 번째 시험은 통과하지만 두 번째 시험이나 세 번째 시험을 통과하지 못할 확률

P(A) × P(not B) × P(not C) $\frac{3}{4} \times \frac{1}{3} \times \frac{1}{2} = \frac{3}{24}$

② 두 번째 시험은 통과하지만 첫 번째 시험이나 세 번째 시험은 통과하지 못할 확률

P(not A) × P(B) × P(not C) $\frac{1}{4} \times \frac{2}{3} \times \frac{1}{2} = \frac{2}{24}$

③ 세 번째 시험은 통과하지만 첫 번째 시험이나 두 번째 시험은 통과하지 못할 확률

P(not A) × P(not B) × P(C) $\frac{1}{4} \times \frac{1}{3} \times \frac{1}{2} = \frac{1}{24}$

④ 첫 번째 시험과 두 번째 시험은 통과하지만 세 번째 시험은 통과하지 못할 확률

P(A) × P(B) × P(not C) $\frac{3}{4} \times \frac{2}{3} \times \frac{1}{2} = \frac{6}{24}$

⑤ 첫 번째 시험과 세 번째 시험은 통과하지만 두 번째 시험은 통과하지 못할 확률

P(A) × P(not B) × P(C) $\frac{3}{4} \times \frac{1}{3} \times \frac{1}{2} = \frac{3}{24}$

⑥ 두 번째 시험과 세 번째 시험은 통과하지만 첫 번째 시험은 통과하지 못할 확률

P(not A) × P(B) × P(C) $\frac{1}{4} \times \frac{2}{3} \times \frac{1}{2} = \frac{2}{24}$

⑦ 세 개의 시험 모두 통과할 확률

P(A) × P(B) × P(C) $\frac{3}{4} \times \frac{2}{3} \times \frac{1}{2} = \frac{6}{24}$

⑧ 세 개의 시험 중 하나도 통과하지 못할 확률

$$P(\text{not A}) \times P(\text{not B}) \times P(\text{not C}) \qquad \frac{1}{4} \times \frac{1}{3} \times \frac{1}{2} = \frac{1}{24}$$

이렇게 한 명의 학생이 세 개의 시험을 치를 때 나올 수 있는 결과의 값을 모두 나열해보았다. 이 중 1번부터 7번까지의 값을 더한 것이 바로 이 문제의 답이다.

입증: $\frac{3}{24} + \frac{2}{24} + \frac{1}{24} + \frac{6}{24} + \frac{3}{24} + \frac{2}{24} + \frac{6}{24} = \frac{23}{24}$

또한 위 여덟 가지의 값을 다 더하면 확률적으로 모든 가능성의 총합인 1이 된다는 것을 알 수 있다.

입증: $\frac{3}{24} + \frac{2}{24} + \frac{1}{24} + \frac{6}{24} + \frac{3}{24} + \frac{2}{24} + \frac{6}{24} + \frac{1}{24} = \frac{24}{24} = 1$

II. 나열

7. 채용

정답 A

해설: 순열 문제로 착각하기 쉽지만, 사실 확률과 순열, 조합 그 어떤 것에도 속하지 않는 유형이다.

이러한 문제를 풀 때는 각각의 확률을 모두 곱하기만 하면 된다. 세일즈 매니저에 지원한 인원 7명과 대리점 사원에 지원한 인원 4명, 접수원에 지원한 인원 10명을 곱하면 280가지의 가능성이 나온다.

$$7 \times 4 \times 10 = 280$$

NOTE 일련의 독립적인 선택에 관한 문제로써, 나열의 규칙을 적용하는 문제다. 이러한 유형에 순열 공식을 적용하는 것은 적절치 않으며 그런 공식을

사용할 수도 없다. 이러한 유형은 선택권이 얼마나 있는지를 묻는 문제일 뿐, 순열 문제에서 흔히 볼 수 있는 것처럼 얼마나 많이 배열할 수 있는지를 묻는 유형이 아니다.

III. 순열

8. 펜싱

정답 C

해설: 이 문제는 조합 문제가 아닌 순열 문제다. 순열 문제에서는 순서가 중요하다. 예를 들어, 첫 번째 대진에서 A가 우승하고 B가 준우승을 하는 경우는 B가 우승하고 A가 준우승을 하는 경우의 결과와 전혀 다르다.

$$ {}_{n}P_{r} = \frac{n!}{(n-r)!} $$

$$ {}_{4}P_{2} = \frac{4!}{(4-2)!} = \frac{4!}{(2)!} = \frac{4 \times 3 \times \cancel{2 \times 1}}{\cancel{2 \times 1}} = 12 $$

NOTE 다음 문제를 생각해보자. 어느 학교의 특별반 학급에 4명의 학생이 있다. 담당교사는 학년말에 4개의 과목, 즉 수학, 영어, 역사, 글쓰기에 대한 상을 반드시 학생들에게 수여해야 한다. 한 학생이 여러 개의 상을 받을 수 있다고 가정했을 때 교사가 학생들에게 4개의 상을 나눠주는 방법의 수는 얼마인가?

$$n^r = 4^4 \qquad 4 \times 4 \times 4 \times 4 = 256$$

교사가 첫 번째 상(수학)을 나눠줄 수 있는 방법은 4가지, 두 번째 상(영어)을 나눠줄 수 있는 방법도 4가지, 세 번째 상(역사)을 나눠줄 수 있는 방법도 4가지, 그리고 네 번째 상(글쓰기)을 나눠줄 수 있는 방법 또한 4가지이다. 29쪽에 있는 확률 공식 ⑩번을 참고하자.

9. 줄

정답 E

해설: 이 문제는 단축 공식인 $n!$을 이용해볼 수 있는 순열 문제이다. 이때 n을 부분집합이 아닌 전체 구성원으로 놓는다.

이 문제는 본질적으로 다음과 같은 질문을 하고 있다.

"6명의 사람을 6개의 자리에 배열할 수 있는 방법의 수는 얼마인가?"

이 문제에서 6명의 학생 중 3명이 남학생이고 3명이 여학생이라는 사실은 문제와 직접적인 관련이 없다. 학생들이 앉는 방법에 제한이 없다면 총 720가지의 가능성이 나온다.

$$6! = 6 \times 5 \times 4 \times 3 \times 2 \times 1 = 720$$

첫 번째 학생이 앉는 방법이 6가지, 두 번째 학생이 앉는 방법이 5가지, 세 번째 학생이 앉는 방법은 4가지, 네 번째 학생이 앉는 방법은 3가지, 다섯 번째 학생이 앉는 방법은 2가지, 그리고 여섯 번째 학생이자 마지막 학생이 앉는 방법은 오직 1가지가 있다.

10. 교차

정답 C

해설: 이 문제는 사실상 두 가지의 순열을 각각 계산해서 그 두 결과를 서로 곱하는 "결합 순열" 문제이다.

남학생 3명과 여학생 3명, 총 6명의 학생이 메이크업 시험을 보기 위해 자리에 앉을 경우 예상할 수 있는 시나리오는 두 가지다. 남학생이 첫 번째, 세 번째, 다섯 번째 자리에 앉고 여학생이 두 번째, 네 번째, 여섯 번째 자리에 앉을 경우가 첫 번째 시나리오이고, 여학생이 첫 번째, 세 번째, 다섯 번째 자리에 앉고 남학생이 두 번째, 네 번째, 여섯 번째 자리에 앉을 경우가 두 번째 시나리오이다.

시나리오 1

남 여 남 여 남 여

$$\frac{3}{남1} \times \frac{3}{여1} \times \frac{2}{남2} \times \frac{2}{여2} \times \frac{1}{남3} \times \frac{1}{여3}$$

시나리오 2

여 남 여 남 여 남

$$\frac{3}{여1} \times \frac{3}{남1} \times \frac{2}{여2} \times \frac{2}{남2} \times \frac{1}{여3} \times \frac{1}{남3}$$

시나리오 1을 참고했을 때, 왼쪽부터 오른쪽까지 각 자리를 채우는 방법의 수는 몇 가지일까? 정답은 다음과 같다. 남학생 3명 중 1명이 첫 번째 자리에 앉고, 여학생 3명 중 1명이 두 번째 자리에 앉는다. 그리고 남은 남학생 2명 중 1명이 세 번째 자리에 앉고, 남은 여학생 2명 중 1명이 네 번째 자리에 앉는다. 다섯 번째 자리에는 마지막 남은 남학생이 앉고, 여섯 번째 자리에는 마지막 남은 여학생이 앉는다.

시나리오 2를 참고했을 때, 왼쪽부터 오른쪽까지 각 자리를 채우는 방법의 수는 몇 가지일까? 정답은 다음과 같다. 여학생 3명 중 1명이 첫 번째 자리에 앉고, 남학생 3명 중 1명이 두 번째 자리에 앉는다. 그리고 남은 여학생 2명 중 1명이 세 번째 자리에 앉고, 남은 남학생 2명 중 1명이 네 번째 자리에 앉는다. 다섯 번째 자리에는 마지막 남은 여학생이 앉고, 여섯 번째 자리에는 마지막 남은 남학생이 앉는다.

즉, 다음처럼 배열할 수 있다.

남 여 남 여 남 여　여 남 여 남 여 남

$(3 \times 3 \times 2 \times 2 \times 1 \times 1) + (3 \times 3 \times 2 \times 2 \times 1 \times 1)$

$36 + 36 = 72$

요약하면 다음과 같이 정답을 계산할 수 있다.

$$(3! \times 3!) + (3! \times 3!)$$

$$\rightarrow 2(3! \times 3!)$$

$$\rightarrow 2[(3 \times 2 \times 1) \times (3 \times 2 \times 1)]$$

$$\rightarrow 2(6 \times 6)$$

$$\rightarrow 2(36) = 72$$

NOTE 같은 풀이 방식을 이용하는 다른 유형의 순열 문제도 종종 볼 수 있다. 남학생 3명과 여학생 3명이 메이크업 시험을 보기 위해 자리에 앉으려고 한다. 여학생은 첫 번째, 두 번째, 세 번째 자리에 앉고, 남학생은 반드시 네 번째, 다섯 번째, 여섯 번째 자리에 앉아야 한다. 6명의 학생이 자리에 앉을 수 있는 방법의 수는 얼마인가?

남 여 남 여 남 여

$$\frac{3}{\text{남}1} \times \frac{3}{\text{여}1} \times \frac{2}{\text{남}2} \times \frac{2}{\text{여}2} \times \frac{1}{\text{남}3} \times \frac{1}{\text{여}3}$$

정답: $3! \times 3! = 6 \times 6 = 36$

11. 바나나(BANANA)

정답 D

해설: 이 문제는 "반복되는 글자" (혹은 "반복되는 숫자")가 포함된 유형이다. 반복되는 숫자나 글자의 순열을 구하는 공식은 $\frac{n!}{x!\,y!\,z!}$ 이며, 이때 x와 y, z는 구별되지만 동일한 숫자나 글자다.

$$\frac{n!}{x!\,y!} = \frac{6!}{3! \times 2!} = \frac{6 \times 5 \times 4 \times \cancel{3 \times 2 \times 1}}{(\cancel{3 \times 2 \times 1}) \times (2 \times 1)} = 60$$

단어 "바나나(banana)"를 보자. A가 세 개이고 N이 두 개이므로, 위 식에서 3!은 세 개의 A, 2!는 두 개의 N을 나타낸다.

12. 테이블

정답 C

해설: 이 문제는 "빈자리"의 경우를 다루고 있다.

$$\frac{5!}{2!} = \frac{5 \times 4 \times 3 \times \cancel{2 \times 1}}{\cancel{2 \times 1}} = 60$$

위 식에서 분모 2!의 2는 빈자리의 수를 나타낸다.

NOTE 앞의 바나나 문제와 비슷하게 접근해야 하는 유형이다. 순열 이론에서 "빈자리"는 "동일한 숫자"(혹은 "동일한 글자")와 같다. 빈자리 두 개는 같은 사람 2명을 나타낸다. 원탁에서 자리를 배열하는 문제를 풀 때도 마찬가지다. 원탁이라고 해서 혼란스러워할 필요는 없다. 원탁은 양쪽 끝이 막힌 테이블일 뿐이다. 즉 다섯 자리가 일렬로 놓인 테이블이라고 생각하고 경우의 수를 구하면 된다.

IV. 조합

13. 가수

정답 C

해설: 두 가지 이상의 조합이 결합된 문제는 각각의 조합 결과를 곱해서 구한다.

우선 문제에 포함된 조합을 "흘러간 노래"와 "신곡" 두 가지로 쪼갠다.

흘러간 노래:

$$_{n}C_{r} = \frac{n!}{r!(n-r)!}$$

$$_{6}C_{4} = \frac{6!}{4!(6-4)!} = \frac{6!}{4!(2)!} = \frac{6 \times 5 \times \cancel{4 \times 3 \times 2 \times 1}}{\cancel{4 \times 3 \times 2 \times 1} \times (2 \times 1)} = 15$$

여기서 결과 15는 가수가 흘러간 노래 여섯 곡 중 네 곡을 선택하는 방법의 수이다.

신곡:

$$_{n}C_{r} = \frac{n!}{r!(n-r)!}$$

$$_{5}C_{2} = \frac{5!}{2!(5-2)!} = \frac{5!}{2!(3)!} = \frac{5 \times 4 \times \cancel{3 \times 2 \times 1}}{2 \times 1 \times (\cancel{3 \times 2 \times 1})} = 10$$

여기서 결과 10은 가수가 신곡 다섯 곡 중 세 곡을 선택하는 방법의 수이다. 그러므로 두 가지의 조합이 결합된 이 문제의 정답은 $15 \times 10 = 150$이다.

정리하면 다음과 같다.

$$_{n}C_{r} \times _{n}C_{r} = \frac{n!}{r!(n-r)!} \times \frac{n!}{r!(n-r)!}$$

$$_{6}C_{4} \times _{5}C_{2} = \frac{6!}{4!(6-4)!} \times \frac{5!}{2!(5-2)!}$$

$$_6C_4 \times _5C_2 = \frac{6!}{4!(2)!} \times \frac{5!}{2!(3)!}$$

$$_6C_4 \times _5C_2 = \frac{6 \times 5 \times 4!}{4!(2)!} \times \frac{5 \times 4 \times 3!}{2!(3!)} = 15 \times 10 = 150$$

14. 모임

정답 D

해설: 이 문제는 다소 복잡해 보이지만 해결 방법은 매우 간단하다. 이 문제는 본질적으로 다음과 같은 내용을 묻고 있다. "순서를 생각하지 않고 열한 개 그룹에서 두 개 그룹을 만들 수 있는 방법의 수는 얼마인가?" 좀 더 구체적으로는 말하자면 "순서를 생각하지 않고 11명 중에서 2명을 선택할 수 있는 방법의 수"를 묻고 있는 것이다.

$$_nC_r = \frac{n!}{r!(n-r)!}$$

$$_{11}C_2 = \frac{11!}{2!(11-2)!} \times \frac{11 \times 10 \times 9!}{2!(9!)} = 55$$

NOTE

"비치 발리 볼 토너먼트를 하기 위해 11명 중에서 2명씩 뽑아 팀을 만든다면, 만들 수 있는 팀의 수는 몇 가지인가?"

팀을 구성하는 문제는 순서와 상관없이 푸는 문제의 전형적인 예다. 누가 몇 번째로 뽑히든 상관없이 일단 뽑히면 팀의 구성원이 되기 때문이다.

15. 결과

정답 A

해설: 순열과 조합에 대한 근본적인 개념을 묻는 문제이다. 이론을 완벽하게 이해했다면 어떤 계산도 하지 않고 바로 답을 구할 수 있다.

첫 번째 식:

${}_5P_3 > {}_5P_2 \Rightarrow$ (참)

${}_5P_3 = 60$이고 ${}_5P_2 = 20$이다. 순열은 순서를 항상 고려하기 때문에 고를 수 있는 개수가 많아질수록 가능한 경우의 수도 많아진다.

두 번째 식:

${}_5C_3 > {}_5C_2 \Rightarrow$ 거짓

${}_5C_3 = 10$이고 ${}_5C_2 = 10$이다. 언뜻 보면 이상하지만 두 결과는 같다! 선택할 수 있는 개수를 서로 더한 값이, 총 개수와 같을 때만 이 같은 결과가 나온다. 이런 현상은 조합에서만 발생하며 순열에서는 발생하지 않는다.

세 번째 식:

${}_5C_2 > {}_5P_2 \Rightarrow$ 거짓

${}_5C_2 = 10$이고 ${}_5P_2 = 20$이다. 순열은 순서를 고려하기 때문에 조합에 비해 경우의 수가 많아진다. 반면 조합은 순서를 고려하지 않으므로 다른 조건이 같다면 순열보다 가능한 경우의 수가 적게 나온다.

송선인 옮김
성신여자대학교에서 통계학과 경제학을 전공했다. 가장 행복하게 잘 할 수 있는 일을 찾아 번역가의 길로 들어섰다. 글밥아카데미의 출판번역과정을 수료 후 현재 바른번역 소속 전문번역가로 활동하고 있다. 역서로는 『수학의 참견』 등이 있다.

1시간 만에 끝내는 기본 확률과 통계

초판 1쇄 발행 2017년 12월 22일
지은이 브랜던 로열 | **옮긴이** 송선인

펴낸이 민혜영 | **펴낸곳** 카시오페아
주소 서울시 마포구 월드컵북로 42다길 21(상암동) 1층
전화 02-303-5580 | **팩스** 02-2179-8768
홈페이지 www.cassiopeiabook.com | **전자우편** editor@cassiopeiabook.com
출판등록 2012년 12월 27일 제385-2012-000069호
외주편집 정지영 | **디자인** 석혜진

ISBN 979-11-88674-04-6 03410
이 도서의 국립중앙도서관 출판시도서목록 CIP은 서지정보유통지원시스템 홈페이지 http://seoji.nl.go.kr와 국가자료공동목록시스템 http://www.nl.go.kr/kolisnet에서 이용하실 수 있습니다.
CIP제어번호: CIP2017032792